達克比辦案 ⑪

荒漠救命蛙

沙漠生態系與動物的適應

文 胡妙芬　圖 柯智元

達克比形象原創 彭永成

親子天下

課本像漫畫書，童年夢想實現了

臺灣大學昆蟲系名譽教授、蜻蜓石有機生態農場場長 **石正人**

讀漫畫，看卡通，一直是小朋友的最愛。回想小學時，放學回家的路上，最期待的是經過出租漫畫店，大家湊點錢，好幾個同學擠在一起，爭看《諸葛四郎大戰魔鬼黨》，書中的四郎與真平，成了我心目中的英雄人物。我常常看到忘記回家，還勞動學校老師出來趕人，當時心中嘀咕著：「如果課本像漫畫書，不知有多好！」

拿到【達克比辦案】系列書稿，看著看著竟然就翻到最後一頁，欲罷不能。這是一本將知識融入漫畫的書，非常吸引人。作者以動物警察達克比為主角，合理的帶讀者深入動物世界，調查各種動物世界的行為和生態，透過漫畫呈現很多深奧的知識，例如擬態、偽裝、共生、演化等，躍然紙上非常有趣。書中不時穿插「小檔案」和「辦案筆記」等，讓人覺得像是在看CSI影片一樣的精采，而很多生命科學的知識，已經不知不覺進入到讀者腦海中。

真是為現代的學生感到高興，有這麼精采的科學漫畫讀本，也期待動物警察達克比，繼續帶領大家深入生物世界，發掘更多、更新鮮的知識。我相信，有一天達克比在小孩的心目中，會像是我小時候心目中的四郎和真平一般。

我幼年期待的夢想：「如果課本像漫畫書」，真的是實現了！

從故事中學習科學研究的方法與態度

臺灣大學森林環境暨資源學系教授與國際長 **袁孝維**

【達克比辦案】系列漫畫趣味橫生，將課堂裡的生物知識轉換成幽默風趣的故事。主角是一隻可以上天下海、縮小變身的動物警察達克比，他以專業辦案手法，加上偶然出錯的小插曲，將不同的動物行為及生態知識，用各個事件發生的方式一一呈現。案件裡的關鍵人物陸續出場，各個角色之間互動對話，達克比抽絲剝繭，理出頭緒，還認真的寫了學習單和「我的辦案心得筆記」。書裡傳達的不僅是知識，而是藉由說故事的過程，教導小朋友如何擬定假說、邏輯思考、比對驗證等科學研究方法與態度。不得不佩服作者由故事發想、構思、布局，再藉由繪者的妙手生動活潑呈現的高超境界了。

作者是我臺大動物所的學妹胡妙芬，有豐厚的專業背景，因此這一系列的科普漫畫書，添加趣味性與擬人化，讓小朋友在開心快樂的閱讀氛圍裡，獲得正確的科學知識；在大笑之餘，也能得到滿滿的收穫。

讓達克比陪伴孩子培養跨域閱讀力

新北市鶯歌國小閱讀推動教師 **賴玉敏**

想培養孩子跨域的閱讀力嗎？108課綱素養導向教學，期盼透過情境化、脈絡化的過程學習；而閱讀【達克比辦案】系列，就是最好科普閱讀入門書。科普閱讀就像是閱讀菜單裡重要的營養，然而生硬的科普讀物往往會破壞孩子的胃口，不敢親近。【達克比辦案】系列在作者的妙筆生化下，透過漫畫的包裝，讓孩子們同時補充營養又享受閱讀的樂趣。

沙漠裡竟然有青蛙？翹屁股的甲蟲，到底是在施展什麼功夫呢？一提到沙漠，馬上讓人聯想到無際的沙漠，滾滾黃沙、一片荒蕪。誰能想到旱地裡其實蘊藏著豐富多元的生態小宇宙！這次達克比深入到沙漠中，探索沙漠生態與動物習性間的關聯性，藉由達克比的沙漠探險，觀察到的各種沙漠動物的習性，進而延伸說明環境與動物行為之間的關聯性。

除了沙漠生態系的介紹外，讓我特別想引導孩子閱讀的是書中各式各樣不同的圖表。不論是插圖或是表格，都是建構孩子科學閱讀或圖像筆記的重要根基。希望老師或爸媽帶著孩子閱讀時，也能一起發現這些圖表的功用。這些圖表除了能幫助理解外，也可以鼓勵孩子模仿與學習，將所學的知識圖像筆記化，成為真正有素養的「越」讀者！

「達克比」令人尖叫的魔法！

資深國小老師、教育部 101 年度閱讀磐石個人獎得主 **林怡辰**

在小學圖書館裡，時不時就會有孩子來問：「老師，達克比最新一集出來嗎？」如果答案肯定，就可以聽見學生驚聲尖叫、爭相借閱；如果還沒等到，「達克比迷」就會忠實的從頭再借一次，認真的複習到每個字都倒背如流。讀者年齡跨足中年老師、少年國高中生、兒童國小生，就連不懂國字的低年級，也看圖看到哈哈大笑，直來問這個字怎麼念。達克比走到第十一集，這些令人訝異的奇蹟，實在多不勝數。到底達克比怎麼做到的？

第一是輕鬆有趣。跟著達克比，一步步進行探究謎團；幽默的漫畫內容，有著自然知識樂趣的懸疑謎底。光看這樣的設定，就可以聽見孩子的翻開書頁的串串笑聲！

第二是王者內容。書中表述方式符合孩子發展，讓孩子秒懂並覺得有趣。你還能發現書裡濃濃的科學探究魂——疑問假設、統整對照、推論驗證，實在是令人驚嘆的科普書！

第三是銜接課業。一到五集談動物、六到十集聊演化滅絕，而接下來是生態系。讀完新的一集，想起以往博物館中孩子逛著生態區無聊的身影；藉由達克比的魅力，讓這些知識不再僅是躺在博物館中的說明文字。我的耳邊彷彿響起了孩子們的吱喳聲：「這是黃金鼴！」、「駱駝的駝峰儲存的是脂肪」、「沙漠中的儲水蛙、猴麵包樹都有自己的一套儲水方法……」

如果您的孩子還沒體會會過閱讀樂趣，那達克比的魔法，可別再錯過了！

目錄

鴨嘴獸「達克比」是一個動物警察，
駐守在河邊的小木屋派出所。

達克比的任務裝備

達克比，游河裡，上山下海，哪兒都去；
有愛心，守正義，打擊犯罪，他跑第一。

猜猜看，他曾遇到什麼有趣的動物案件呢？

微笑警徽
希望天下太平、世界大同。

嘴
扁嘴巴，沒有牙，
最恨被看做鴨子嘴。

潛水鏡
為了耍帥，隨時戴著。

紅領巾
熱愛紅色，
代表滿腔的熱血。

警用背包
裡面什麼都有，
出門辦案時還能順
便帶乖乖和點心。

生物縮小糖
最新科技，
吃一顆，
身體就能縮小。

霹靂腰帶
水桶腰，繫起來
勉勉強強。

尾巴
又寬又扁，
適合在水中快速游泳。

警棍
用來打擊犯罪，
偶爾也拿來打打棒球。

皮毛
毛皮厚，可防水，
游泳時就像穿著潛水裝。

成為超級警察之旅

你要出門三個月，接受移地訓練？

對啊～為了成為「超級警察」，我必須在三個月內通過地球上各種不同生態環境的嚴格考驗。

可是人家會想你……怎麼辦？

不會的，你不會想我的。

此話怎說？

因為我會帶你一起去。

嗽

啊呀呀呀呀呀

揮

ㄅㄨㄞ

太好了！你辦案，我旅遊，一定很開心～

嗚！

耶耶！
去旅行囉～

太棒啦～

噠 噠 噠

哈囉，早啊！

你好啊！

你就是達克比吧？
我是這趟移地訓練
的指導員，也是

最後的評分員，
叫我「趴哥」
就行了。

喔不，他才是達
克比，我是他的
女朋友「阿美」。

什麼嘛，竟然
還帶女友？

唉，算了……
快點上來，
要出發了！

是的，
長官～

謝謝趴哥！

噠噠噠

請問趴哥，我們這次的目的地是哪裡？

這個嘛……

第一個關卡是「熱帶雨林」。

不過在這之前，得先橫渡窗外這片大沙漠。

沙漠好荒涼，看起來一點都不好玩。

我們又不是來玩的！

喔不！

直昇機怎麼晃得這麼厲害！

世界主要的沙漠分布

　　在地球的陸地上，沙漠就占了14%的面積，大約等於一個南美洲的陸地大小。有些沙漠是由光禿禿的石頭構成，有些沙漠卻充滿大量細沙，堆積成一個又一個的「沙丘」。但不管是哪種沙漠，共同的特色就是雨量很少、非常乾燥，一年的平均降雨量通常少於 250 毫米，非常不適合動物和植物生存。

大盆地沙漠
（230-300 毫米）

撒哈拉沙漠
（76 毫米）

喀拉哈里沙漠
（200 毫米）

阿塔卡馬沙漠
（15 毫米）

巴塔哥尼亞沙漠
（90 毫米）

※ 1. 參考值：臺灣平均一年會有 2515 毫米的降雨量。
　　2. 括號內為該地一年的平均降雨量。

另外，有人也把南極和北極看成沙漠。因為寒冷的南北極幾乎不下雨、只下雪，而且南極內陸一整年的平均降雪量比非洲撒哈拉沙漠的降雨量還少。不過，本書中所講的沙漠知識屬於一般石頭或沙質的沙漠，不包括南北極喔！

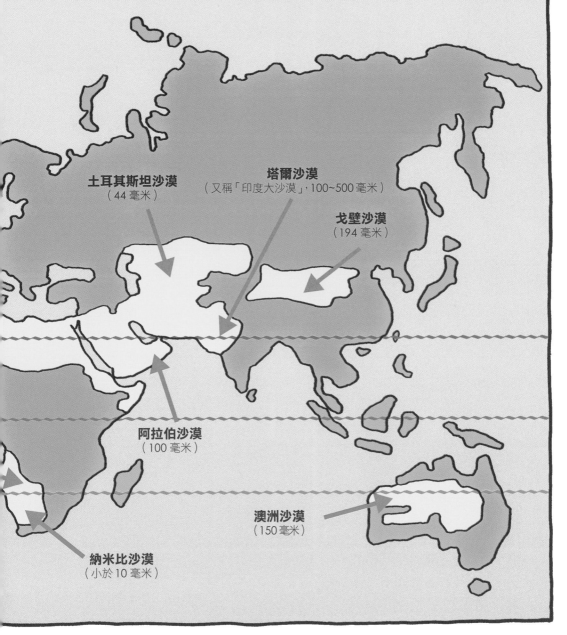

土耳其斯坦沙漠
（44 毫米）

塔爾沙漠
（又稱「印度大沙漠」，100~500 毫米）

戈壁沙漠
（194 毫米）

阿拉伯沙漠
（100 毫米）

澳洲沙漠
（150 毫米）

納米比沙漠
（小於 10 毫米）

：牠們好像在沙子裡游泳，然後冒出地面，把地上的東西咬進地底下去！

：啊，化妝包、浴帽！達克比，快幫忙搶救我的東西！

：好，我抓！糟糕，竄得太快了，根本猜不到會從哪裡冒出來⋯⋯

：嗚哇，東西通通不見了⋯⋯這樣我要怎麼繼續旅行？還有，你的移地訓練要怎麼辦？

：啊！我想到了！記得嗎？出門前，團長有送我萬用手錶⋯⋯

達克比我來救你！

趴哥！達克比缺氧
量過去了！

：你剛剛鑽沙子缺氧，暈了過去。這裡是趴哥挖的地洞，用飛機的門板把頭頂蓋住，感覺比外面涼快多了。

：年輕人，你竟敢跟沙漠裡最厲害的「潛沙」高手比？你怎麼可能贏得了他！

：潛沙？我只聽過潛水，沒有聽過潛沙？難道意思是在沙子裡面游泳，就像潛水一樣？

：沒錯，能潛沙的小動物，都有防止沙子塞進眼睛、鼻孔或耳朵裡面的特殊構造。你缺乏這些特殊構造，根本不適合潛進沙裡。

：原來如此，剛才沙子一下就塞滿我的鼻孔，感覺快要窒息了！

：但是為什麼那些小動物需要「潛沙」呢？

：沙漠裡的白天是嚇死人的熱，如果不是潛入沙裡，或是像我們一樣躲在地底下，在沙地的大太陽下晒太久，很快就會變成肉乾。

鑽進地下乘涼

如果住在沙漠，白天的時候你可能只想一直待在地底下。因為沙漠的夏天豔陽高照，地面的溫度經常高達 40°C、50°C，甚至 70°C！許多小動物待在沒有遮掩的地方，可能只要一小時就會死亡。相反的，沙漠地底下的溫度就涼快很多，像是地表超過 70°C 的時候，地下 30 公分的地方只有 28.7°C（見下表），空氣也比地面溼潤很多。

※測量地點：美國亞利桑那州沙漠

深 度	下午一點的溫度（°C）	一天中最高的溫度（°C）
地 表	71.5	71.5
2 公分	50.4	62.1
10 公分	35.5	40.1
30 公分	28.7	29.8

所以，很多小動物在白天時都躲在地下洞穴、隙縫或沙子裡，等到涼爽的清晨或傍晚時分，才出現在地面活動。

挖掘地下洞穴

跳囊鼠喜歡挖掘洞穴居住，白天時躲避炎熱的空氣，直到涼爽的夜晚才出外覓食。牠們幾乎不喝水，直接從食物中獲得水分，或者是從消化分解食物的過程中製造出水分。

沉入沙中

　　一種居住在沙漠中的沙蝰蛇靠著左右擺動，就能慢慢的「沉」進沙子裡，只留下眼睛和鼻子露出地面。這樣的好處是不會受到太陽直射，又可以不露痕跡的埋伏、突襲經過的小動物。　　※「蝰」念成「ㄎㄨㄟ」。

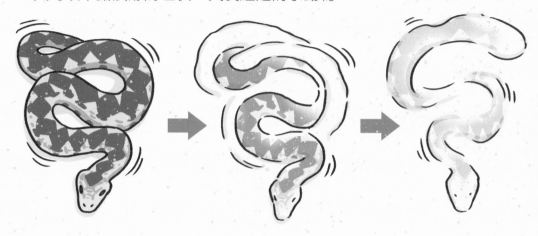

在沙裡游泳

　　有些沙漠裡的蛇或蜥蜴能在沙裡「游泳」，或稱為「沙泳」。牠們的鼻孔通常朝向上方，這樣用頭部衝進沙子裡的時候，沙粒才不會跑進鼻孔裡。還有些蜥蜴沙泳時閉著眼睛，靠透明的眼皮保護眼球。砂魚蜥的腳趾則長的像「梳子」，可以快速的在沙子裡鑽動。

剛才拿走你們東西的，就是這些小傢伙。喏，阿美，這是你的口紅。

哼，壞小偷，為什麼正經事不做，偏要搶別人的東西呢？

天大的誤會！我們黃金鼴是為了躲開沙漠的熱氣，所以潛在沙子底下，靠感覺地面的「震動」來捕捉獵物。

我懂了！我們的東西掉落在地面造成震動，所以他們以為是小蟲，全被吸引過來，浮上沙子表面，把我們的東西當做蟲子給拖進沙子裡了。

嗯，推理能力不錯～加你一分！

黃金鼴小檔案

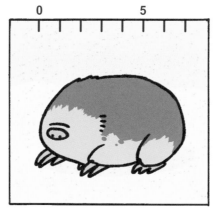

0　　　5

（單位：公分）

名　稱	黃金鼴
分　佈	南非和納米比亞境內的沙漠地帶
特　徵	毛髮光滑發亮，身長只有大約7公分。四隻腳都短小有力，適合挖掘地道，潛伏在沙地底下，以捕捉地面的昆蟲為食。牠們眼睛全盲，被長著毛髮的皮膚蓋住。只有一對微小的耳洞露在身體表面，但聽覺卻非常靈敏。
犯罪嫌疑	偷走達克比和阿美墜機時掉落地面的東西。

是嗎？

那你看不出來這根本不是一隻蟲嗎？

我看不見啊！

啊！

為什麼？

我們黃金鼴白天都躲在沙漠的地底下，只有在涼爽的夜晚才會爬到地面上活動。

所以眼睛派不上用場，都被皮膚和毛蓋住了，基本上算是全盲。

難怪你們在沙裡潛游，不怕沙子跑進眼睛裡。

好了，口紅已經還你，沒事的話我要走了。

等等，還要問你最後一個問題……

我的辦案心得筆記

報案人：達克比

報案原因：求救用的萬能手錶被黃金鼴咬走

調查結果：

1. 沙漠的特色是氣候乾燥。有些是沙質沙漠，有些是礫質沙漠。南、北極也能算成沙漠，因為那裡不降雨、只降雪，而每年的降雪量很稀少。

2. 住在沙漠的小動物喜歡躲在涼快的洞裡，或是潛伏在地下、沙中。因為當地表高達攝氏70℃時，地下30公分處可以降溫到30℃以下。

3. 黃金鼴會「潛沙」。牠們白天躲在沙裡，夜晚才出外活動。眼睛上蓋有皮膚、毛髮，幾乎全盲。

4. 求救用的萬能手錶下落不明，繼續尋找中。

調查心得：

沙漠像個大烤箱，
黃沙滾滾步步燙；
為了涼快藏沙中，
夜晚出動真正涼。

沙中怪客

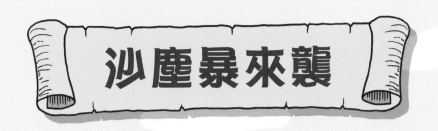

沙塵暴來襲

呃，太陽好亮！

睡到腰痠背痛的。

咦？早安啊趴哥，您這麼早就醒了？

嗯……我在想沙漠這麼大，我們不可能走得出去，

需要待在原地等人來救我們。

唉，可惜找不到我的萬用手錶，

否則我的好朋友一定趕來救我們！

都沒喝水，嘴巴好乾、好難受喔！

我們今天第一件事就是先去找水。

我先看看外面……

喔

嘩

砰

咚 咚 咚

咚 咚 咚

駱駝！是駱駝！

駱駝小檔案

（單位：公尺）

名　稱	駱駝
分　布	駱駝分有雙峰駱駝和單峰駱駝。雙峰駱駝分布在亞洲中部與土耳其；而單峰駱駝分布亞洲西部、南部與非洲的北部。
特　徵	雙峰駱駝擁有兩個駝峰，單峰駱駝只有一個。身高從腳底到駝峰算來，約為 2 公尺。牠們非常適應乾燥地帶的生活；自古以來，人類橫渡沙漠時，經常騎著牠們，或讓牠們背負貨物，所以駱駝又被稱為「沙漠之舟」。
協助事項	請駱駝幫忙找到水源。

請問可以帶我們去找水喝嗎？

喂～

拜託～

麻煩你們！

你們打哪兒來？

看起來不像沙漠的動物啊？

就是因為不是沙漠動物，才要請你們幫忙，

我們快渴死了！

好吧，上來！

我們正要到綠洲去。

耶～

就載你們一程吧！

謝謝！

ㄉㄨㄞ

嘻嘻，東倒西歪的，好好玩～

ㄉㄨㄞ

ㄉㄨㄞ

ㄉㄨㄞ

：小姐，請不要玩我的駝峰，妳這樣很沒禮貌耶！

：啊……對不起。你們的駝峰為什麼軟軟的，還會東倒西歪呢？

：那是因為我們體內的水分快要不夠了！

：你是說，駝峰是你們的水壺？你們把水儲藏在駝峰裡面？！

：你說的對，但也不對。因為我們的駝峰裡不是存著「水」，而是存著「脂肪」。當我們需要用水時，脂肪就會分解，生出水分給我們利用。現在我們已經六、七天沒喝水了，駝峰裡的脂肪越用越少，當然就會下垂，變得軟趴趴的。

到了，這裡就是綠洲。

啊？

這麼小？

而且水髒兮兮的，怎麼喝？

不會啊，這裡很棒，還有仙人掌可以吃！

不行！仙人掌有刺！

有什麼關係？在沙漠有仙人掌吃就不錯了。

喀嚓

喀嚓

喀嚓

要不要來份「釘子沙拉」？美味又多汁喔～

抖

抖

仙人掌適應沙漠的妙招

　　仙人掌的構造特別適合在沙漠與半沙漠地帶生活。它們的外形大致上分為四種：球形、扇形、柱形和三角柱形，但是用來對抗乾旱的絕招都大同小異。

莖：可以儲存大量水分。表面還有一層蠟質，可以防止水分散失。綠色的莖上有葉綠體，負責進行光合作用，製造養分。

葉子：退化成細刺，可以防止水分從葉子上的「氣孔」散失；也可以嚇跑想吃仙人掌的小動物。

根：長得很淺，卻向外伸得很遠，可以在偶爾下雨時，快速吸收地表的水分。

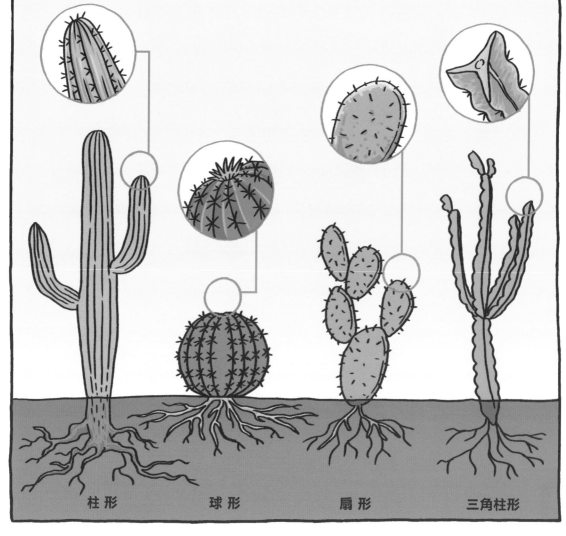

柱形　　　　球形　　　　扇形　　　　三角柱形

除了仙人掌以外，沙漠中還有其他樹木，例如下圖中的牧豆樹。
它們在沙漠求生的招數，有些和仙人掌類似，有些卻不太一樣。

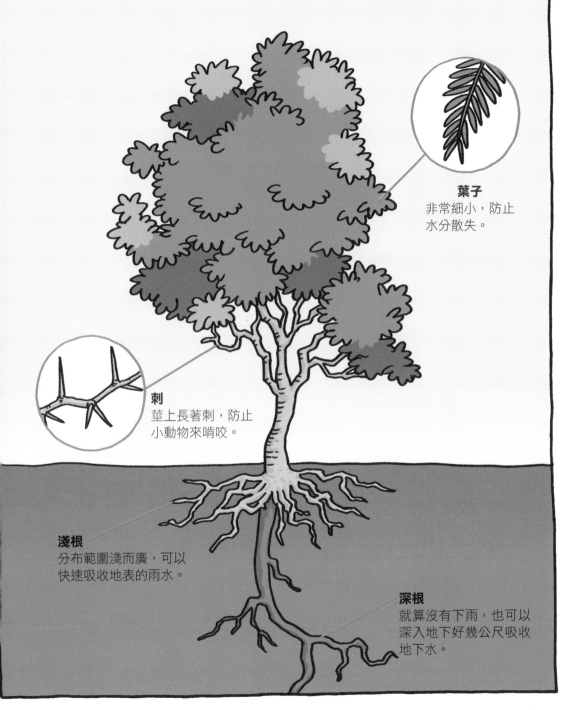

葉子
非常細小，防止
水分散失。

刺
莖上長著刺，防止
小動物來啃咬。

淺根
分布範圍淺而廣，可以
快速吸收地表的雨水。

深根
就算沒有下雨，也可以
深入地下好幾公尺吸收
地下水。

抱歉抱歉，我們很多天沒喝水，一不小心就喝光了……

但我們嘴巴也好渴……

別擔心，綠洲的水通常來自於地下。

這個綠洲的水量較少，應該待會就會再冒出水來了。

我怎麼有一種怪怪的感覺？

怎麼了？

好像一個巨大的東西慢慢靠近我們。

啊！你看，在後面！

媽呀！
這是什麼？

: 那是「沙塵暴」。溼潤的地區有暴風雨，寒冷的地方有暴風雪；而乾燥的沙漠只有沙，所以暴風會吹起漫天的狂沙，沙塵暴也就是「暴風沙」的意思。

: 沙塵暴朝著我們來了。我想，你們最好趕快躲回你們的小洞裡。

：可是我們還沒喝到水⋯⋯

：先躲沙塵暴要緊，等沙塵暴過去，我們再來喝水還來得及。

：我看時間應該來不及了，我們還不如就地躲起來。

沙塵暴的形成過程

　　沙塵暴發生在乾燥的草原或沙漠，因為那裡植物稀少，地面的沙塵容易被強風颳起來。尤其是重量較輕的粉塵可以飛到超過一千公尺的高空，擋住陽光；所以沙塵暴來臨時會變得昏暗，能見度很差。

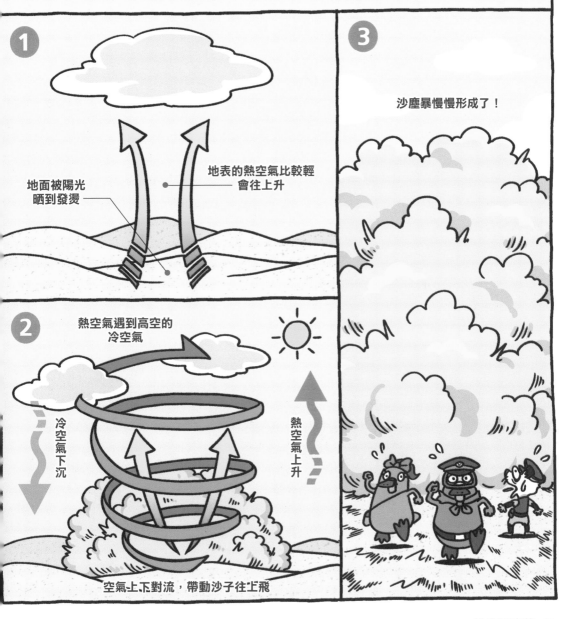

1

地面被陽光
晒到發燙

地表的熱空氣比較輕
會往上升

2

熱空氣遇到高空的
冷空氣

冷空氣下沉

熱空氣上升

空氣上下對流，帶動沙子往上飛

3

沙塵暴慢慢形成了！

駱駝為什麼是「沙漠之舟」？

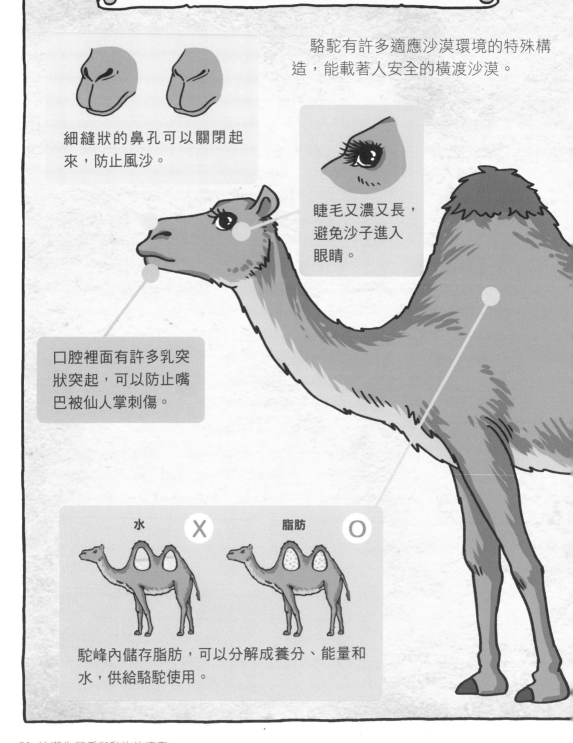

駱駝有許多適應沙漠環境的特殊構造，能載著人安全的橫渡沙漠。

細縫狀的鼻孔可以關閉起來，防止風沙。

睫毛又濃又長，避免沙子進入眼睛。

口腔裡面有許多乳突狀突起，可以防止嘴巴被仙人掌刺傷。

水　Ｘ　　脂肪　Ｏ

駝峰內儲存脂肪，可以分解成養分、能量和水，供給駱駝使用。

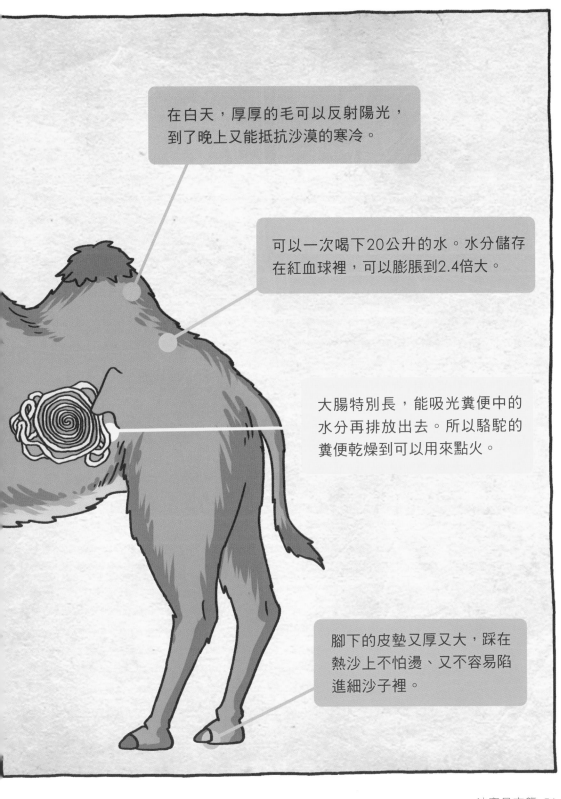

在白天，厚厚的毛可以反射陽光，
到了晚上又能抵抗沙漠的寒冷。

可以一次喝下20公升的水。水分儲存
在紅血球裡，可以膨脹到2.4倍大。

大腸特別長，能吸光糞便中的
水分再排放出去。所以駱駝的
糞便乾燥到可以用來點火。

腳下的皮墊又厚又大，踩在
熱沙上不怕燙、又不容易陷
進細沙子裡。

這是駱駝吃仙人掌的痕跡。

這表示……

水坑被沙塵暴埋在沙子底下了！

怎麼辦？

怎麼辦？

那還不簡單，回洞裡拿鏟子來挖不就得了！

對吼～

不愧是資深警官！

奇怪，
我們的洞呢？

不見了！

難道是……

洞穴也被沙塵暴
埋起來了！

怎麼辦？　怎麼辦？

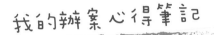

我的辦案心得筆記

報案人：阿美

報案原因：沙塵暴把小水坑埋起來，沒有水喝了。

調查結果：

1. 能適應沙漠生活的大型哺乳類不多，駱駝是最好的典範。駱駝因為經常幫助人類橫越沙漠，被譽為「沙漠之舟」。

2. 駱駝能一次狂飲 20 公升的水，儲存在血液中的紅血球裡。駝峰裡則儲存脂肪，脂肪能分解成養分和水，供駱駝使用。

3. 發生在沙漠裡的風暴會形成「沙塵暴」。沙塵暴來臨時，人或動物容易迷路，因為沙塵遮蔽天空，四周會變得非常昏暗。

4. 沙塵暴經過的地方，有時候會落下厚厚的沙塵。好不容易找到的小水坑被埋在地下，究竟要去哪裡找水喝呢？

調查心得：

黃沙滾滾天上來，
綠洲天堂沙裡埋。
但問水源何處找？
期待苦盡甘甜來。

缺水危機

咳咳……

沒想到沙漠的晚上這麼冷！我的手都要凍僵了。

要是像趴哥睡得那麼熟，或許就不覺得冷了。

可是我好渴，根本睡不好。

真希望有人可以馬上給我一杯水喝～

達令別難過～

既然這樣,我去附近找找,說不定會有一些喝的或吃的?

不可能吧?現在天都還沒亮～

不去找找怎麼會知道?坐以待斃可不是我的風格!

！ ！

刷

啊?趴哥警官也要一起去嗎?

咻

沙漠的日夜溫差很大

　　沙漠因為缺乏水分調節氣溫，白天往往熱到50℃、60℃，甚至可達70℃以上，夜晚卻可能冷到20℃、10℃度甚至冰點以下。例如美國亞利桑那洲的沙漠在夏天時，白天地面溫度可以高達71℃，夜晚最低溫卻只有17℃，日夜溫差整整54℃。

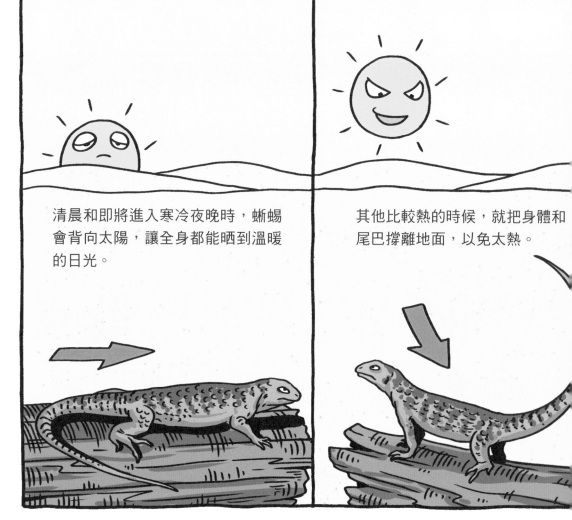

清晨和即將進入寒冷夜晚時，蜥蜴會背向太陽，讓全身都能晒到溫暖的日光。

其他比較熱的時候，就把身體和尾巴撐離地面，以免太熱。

所以住在沙漠的動物必須想辦法適應巨大的溫差，在最冷和最熱的時候，把自己埋進沙裡或躲進地下，因為地底下的溫差小多了。例如蜥蜴在一天中的不同時段，就有不同的適應方法。

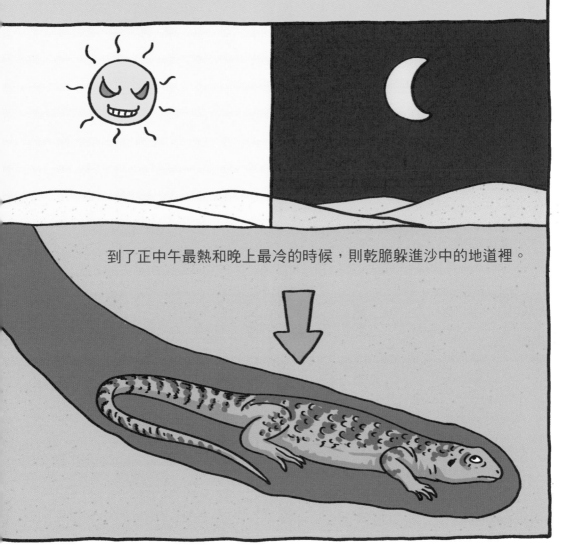

到了正中午最熱和晚上最冷的時候，則乾脆躲進沙中的地道裡。

怎麼突然起了大霧，什麼都看不見。

分不清東西南北，再這麼走下去，我會迷路的。

還是先坐下來，等霧散掉再出發。

不好意思，你擋住我們的霧了。

是誰？
誰在說話？

是我們，
沐霧甲蟲。

你坐在那裡會影響
到我們比賽。

啊，不好意思……

報告裁判，剛才
不算，請你重新
開始計時。

好吧！

先生，今天是沐霧公主
很重要的比武招親。
請你不要再擋住海邊
吹來的霧好嗎？

沐霧甲蟲小檔案

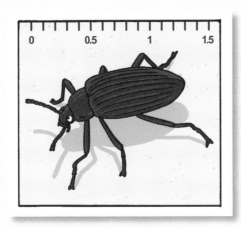

（單位：公分）

名　稱	沐霧甲蟲（又稱為納米比沙漠甲蟲）
分　布	非洲西南海岸的納米比沙漠
特　徵	沐霧甲蟲是住在沙漠地帶的擬步行蟲，體長大約只有 1.5 公分。牠們背上的鞘翅具有特殊的條狀隆起或點狀突起，可以從潮溼的空氣或霧氣中「捕捉」水分。
犯罪嫌疑	一大早聚集在沙丘上舉辦奇怪的翹屁股比賽。

我只看見他們一直翹著屁股，這樣也算比武招親啊？

你這個外人不懂，這是我們大王為了女兒的婚事，特別舉辦的……

集水比賽！

：想要娶公主為妻的人，集水的本事就不能輸給公主。生活在這一大片荒涼乾燥的沙漠裡面，捕霧和集水可是我們沐霧甲蟲最基本的生存本領！

：你是說，你們把空氣中的霧氣抓起來，變成水？

：沒錯！這是我們世世代代遺傳下來的生存絕招。想跟公主成親，就得有更好的遺傳基因，這樣才能確保未來的孩子都能有強大的集水能力！

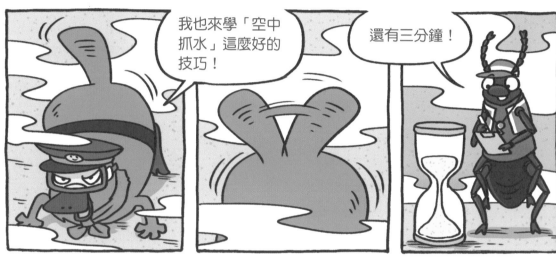

西岸的沙漠有大霧

　　世界上的沙漠分成三大類：一種是「山地」沙漠，因為海風吹來時被山脈阻擋，所以雨在越過山脈時都下光了，只剩下乾燥的風而形成沙漠；像是印度的塔爾沙漠（如圖①）。第二種是「內陸」沙漠，它們位在內陸，離海遙遠，帶著水氣的海風無法到達，例如非洲的撒哈拉沙漠和喀拉哈里沙漠。第三種則是「西岸」沙漠，位於各大洲的西岸，像是非洲的納米比沙漠，旁邊恰好有寒冷的海流經過，所以海上的空氣比較冷，溼氣容易凝結成雨或霧，再變成乾燥的風吹進陸地，形成沙漠；有時候，海上的大霧也會被吹進沙漠，但不會下雨（如圖②）。

①

潮溼的海風被高山抬升到寒冷的高空後，凝結成雨並落下。下過雨後，變成乾燥的空氣，再吹進內陸。

②

寒冷的海流使空氣變冷、變成大霧。海上的霧被吹進沙漠，但不會下雨。

沐霧甲蟲的「捕霧」行為

　　沐霧甲蟲就住在常有大霧的非洲西岸「納米比沙漠」裡。每天清晨大霧來時，牠們就會爬上沙丘，迎向海霧，用後腳把屁股抬高45度，然後靜靜等待。牠們背上的鞘翅有特殊的突起；突起的部份具有「親水性」，會吸引、聚集霧中的小水滴；只要大約十分鐘，小水滴就會聚集成大水滴，沿著身體的「斜坡」，乖乖的流進牠們的嘴巴裡。

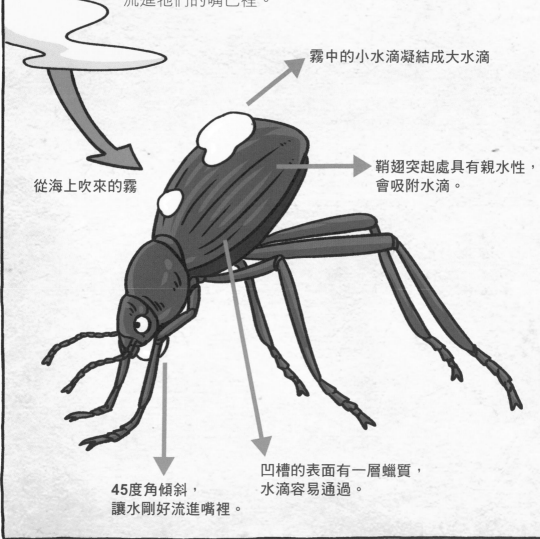

霧中的小水滴凝結成大水滴

從海上吹來的霧

鞘翅突起處具有親水性，會吸附水滴。

45度角傾斜，讓水剛好流進嘴裡。

凹槽的表面有一層蠟質，水滴容易通過。

跟著甲蟲學「捕霧」

　　用水對我們來說，是既簡單又方便的事。但是在許多缺水的沙漠、山區可不一樣。如果那裡經常飄起大霧，人們就會學習沐霧甲蟲，用「捕霧網」進行空中集水。像在南美洲祕魯的某些山區，每天一面捕霧網就可以捕捉到200至350公升的水。

捕霧網

集水水管

引水水管

儲水桶

比賽結束！三號獲勝！

嗯！

嗚哇哇哇——

怎麼啦？

是誰在那裡大哭？

嗚嗚……

我也想跟你們一樣，翹屁股就能空中捕水，

可是再怎麼努力也沒用……

我心愛的女友還在等我帶水回去給她喝。

她已經好久沒喝水了，再沒有水喝，我怕……怕她會死掉！

好令人動容的愛情～

嗚哇哇～

……

這位先生，你別哭了！

你對女友的愛我能懂。

就像我對公主的感情一樣～

來，這滴水送給你。

希望它能給你女友解渴，並且為你帶來好運。

謝謝！

我趕快拿給她，謝謝你們了！

再見～

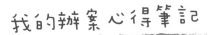

我的辦案心得筆記

報案人：達克比

報案原因：發現沐霧甲蟲舉辦捕霧比賽。

調查結果：

1. 位在陸地西岸的沙漠，經常有來自海上的大霧。

2. 沐霧甲蟲住在非洲西南海岸的納米比沙漠，
   會用背上的突起聚集霧中的水氣。

3. 人類學習沐霧甲蟲，用捕霧網聚集霧中的水氣，
   算是一種模仿生物的「仿生」科學。

4. 在沙漠中剛開始缺水時，的確可以喝尿求生。
   但隨著時間越來越久，尿液會變得越來越濃，
   喝了反而更渴，就不應該再喝尿了。

調查心得：

沙漠很難住——
白天似烤箱，晚上像冰庫。
但是誰不想看看沙漠？
因為沙漠很酷。

喝尿求生

荒漠救命蛙

達克比你看，
這麼多蝴蝶在飛，
好漂亮喔！

蝴蝶？
這裡熱死了，
哪有蝴蝶啊？

還有，上次你跟我
借的比基尼沒還，是
不是打算不還我了？

趴哥，我怎麼可能跟阿美借比基尼，她怎麼啦？

阿美出現「幻覺」了！

幻覺？

這代表她已經出現嚴重的「脫水」現象，如果再不喝水，接著就是陷入昏迷，然後慢慢死掉……

不要～嗚嗚～～

我不要阿美死掉～～

我看，我們兩個也快出現幻覺、昏迷，然後死在這個美麗又無情的沙漠裡……

親愛的，我最喜歡你了！就算死掉，我們也要死在一起。

荒漠救命蛙 83

阿美！
妳醒醒！

嗚哇哇哇——

喔吼吼吼吼～他們最
傷心的時候，就是我們
禿鷹最開心的時候了！

沒錯！等他們死掉，
我們就有肉可吃，
有血可喝。

胖子肉多，那隻
胖子是我的，你可
別搶，哇哈哈哈。

嘿，是我先找
到的！胖的那
隻歸我！

好好好，
都吃，都吃。

：反正我們都要渴死了！與其死了被禿鷹吃掉，還不如趁我還有力氣的時候挖好墳墓，這樣我就可以和阿美埋葬在一起，生生世世不分離了！

：可是達克比，我們還有生存的機會，不要輕易放棄希望！

：我沒有放棄希望！我只是在為最壞的情況做準備。趴哥沒有談戀愛，你不會了解我現在的心情……

：誰說我不了解？我有老婆跟三個可愛的小孩……唉算了，萬一我們真的活不了，我也跟你們一起埋進墳墓裡吧！

呃，這是什麼？

好熱，我也開始恍惚了……

趴哥你看！我挖到一個雞蛋糕。

你出現幻覺啦？這明明是滑鼠！

你胡說！這是雞蛋糕。

是滑鼠！不能吃！

是雞蛋糕！

是滑鼠！

啊

阿美，你看我們找到什麼！

趕快把水給阿美喝。

阿美喝了就會慢慢清醒過來。

趴哥，你喝一點，我也喝一點。

好。

咕嚕咕嚕。

咕嚕咕嚕。

我親我舔。

好喝好涼。

小偷！

你們是小偷！

儲水蛙小檔案

名　稱	儲水蛙
分　布	澳洲的沙漠地帶
特　徵	在沙漠難得下雨的時候，儲水蛙會吸收將近身體一半重量的水分，儲存在膀胱和皮膚裡，然後鑽進地下，進入不吃、不喝、也不活動的「休眠」狀態，直到下一次下雨才會再鑽出地面。儲水蛙在這樣的休眠狀態下，可以存活好幾年。
對人類的貢獻	有些在沙漠中缺水的人類，會尋找地下的儲水蛙，擠出牠們的水來喝。

儲水蛙的沙漠生活

　　蛙類無法離水生活，所以能夠在沙漠生存的蛙類很少，儲水蛙就是其中非常少數的厲害角色。如果把牠們的一生當成電影來播放，前半段就像是四倍速的「快轉」，後半段卻進入冗長的「放慢」模式。只有在沙漠難得有雨的時候，人們才可能在地面看見牠們，等到地面的水窪乾涸之後，牠們就會鑽入地下，消失得無影無蹤。

下雨了！休眠的儲水蛙甦醒過來，快速的鑽出地面，尋找配偶。

配成一對的儲水蛙，將卵產在水坑中。
水坑有大有小，小的水坑容易乾掉。

儲水蛙的卵一天就能孵出蝌蚪，兩週就能長成青蛙。比其他的蛙類快速許多。

在水坑還沒完全乾掉以前，剛長大的儲水蛙努力吸收水分，儲存在膀胱和皮膚中。然後再用後腳挖洞，鑽入地下。

在地下，儲水蛙會長出一層防水的繭來包住自己，並且用儲存的水分休眠幾年；直到下一場大雨來臨時，才會像牠們的爸媽一樣，鑽出地面繁殖。

管它是水還是尿，這些水是我們上次下雨……

呃，那是多久以前啊？時間太久，想不起來～

嗯，大概兩年以前吧。

總之，這些水能讓我們在下次雨季來臨前生存好幾年，現在被你們擠光了，叫我們怎麼辦啊？

對嘛！

趕快還來～

把水還我們！

呃，我們很抱歉……

除非現在突然下雨，否則我們也沒辦法啊！

嗯？

滴

答

答

：團長是誰？是你們的朋友嗎？

：嗯！忠實、可靠、機智、善良，還有……

：……還有帥氣、可愛、有智慧的超級好朋友！他們來救我們了！

：還為我們帶來及時雨！阿美，我們得救啦！

：看來是個厲害人物。光看他開的飛機又酷又炫，比我那破爛直昇機好太多啦～

它發出求救訊號，帶我們找到你們。

啊？

這是一隻可愛小動物的功勞～

奇異果！

是黃金鼴啦！

三天前黃金鼴跟你們分開以後，有一天突然感覺到一股振動……

達克比，我是團長。你們順利到達目的地了嗎？

喂？　喂？　怎麼沒人回答？

有振動！地面有蟲！

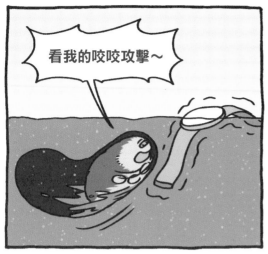

看我的咬咬攻擊～

刷

咔！

嗚，好硬！

嗶！嗶！救命！
嗶！嗶！救命！

我們就是這樣，根據訊號的定位來到這片沙漠，找到你們的。

謝謝你，黃金鼴～

嘻嘻，不客氣。

會儲水的大樹「猴麵包樹」

　　除了儲水蛙、駱駝、仙人掌外，在非洲、澳洲和馬達加斯加的沙漠地帶還有一種會儲水的大樹——猴麵包樹。它們胖嘟嘟的樹幹就像瓶子一樣，用來儲藏水分。巨大的猴麵包樹，樹幹的裡面就像小水池，可以儲存將近兩公噸的水。人們只要在樹上戳個小洞，乾淨的水就會源源不絕的流出來，為缺水的沙漠居民解渴。

這種樹的果實長得像大麵包，猴子特別愛吃，所以叫做猴麵包樹。

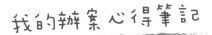

我的辦案心得筆記

報案人：儲水蛙

辦案原因：達克比和趴哥擠儲水蛙的水來喝。

調查結果：

1. 人類在沙漠中嚴重脫水時，可能會出現幻覺，
   然後陷入昏迷，最後死亡。

2. 澳洲沙漠的儲水蛙可以把水儲存在膀胱和皮膚中，
   在沙地下休眠好幾年，直到下一次的雨季來臨，
   才重新回到地面交配、繁殖。

3. 儲水蛙的成長過程特別快速，要在雨水完全乾掉前，
   就從蝌蚪長成青蛙。

4. 不知道為什麼，趴哥突然昏倒、死掉，達克比挖的
   墳墓剛好派上用場。

調查心得：

天空降下及時雨，
沙漠青蛙開 party。
傳宗接代要趕快，
雨後繼續藏沙裡。

趴哥安息

蝗蟲大軍報到

原來是這樣啊！

※負鼠請見第五集第一單元

我都忘了趴哥是負鼠，被嚇到或遇到危險，就會進入「假死狀態」。

難怪沙塵暴來的時候，他就突然不見了……

別擔心。以前我也辦過負鼠的案子，沒多久後他就會醒來了。

對了，團長和阿美呢？

他們去賞花了啊！

哈

諾，在那邊～

哇～好漂亮！

沙漠裡怎麼會有花海？

因為團長用飛碟灑水。沙子裡休眠好幾年的種子，

遇到水都突然醒過來，迅速開花了。

美麗的沙漠花海

　　乾燥的沙漠經常好幾年不下雨，很難想像竟然會出現花海。但事實上，抓起一把荒漠裡的沙子，裡面可能藏著幾十顆微小的植物種子。這些種子平時呈現休眠狀態，可以撐過幾年沒有雨水的日子。但是一旦天空降下大雨，它們就會突然甦醒、快速生長，只要幾天或幾週就能開花，在沙漠中創造出繽紛花海。這些植物通常生命短暫，它們會趕在沙中的雨水乾涸前留下種子、然後死去；而它們的下一代，也就是這些種子，又會在沙土裡靜靜的休眠，等待下一次的雨水到來。

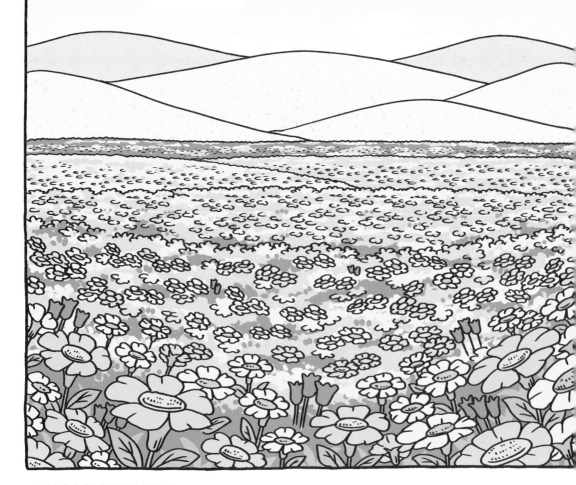

沙漠飛蝗小檔案

（單位：公分）

名　稱	沙漠飛蝗
分　布	非洲、中東及亞洲的沙漠和乾燥地帶。
特　徵	在乾燥的沙土中產卵，卵孵化為若蟲以後，用後腿彈跳，還不能飛行。但牠們會經歷五次蛻皮，每一次蛻皮後翅膀都越來越長，成蟲後就能飛。
特　色	喜歡吃綠色植物。分為散居型與群聚型兩種。散居型的蝗蟲成蟲是咖啡色，如果轉變成群聚型，顏色會先變成淡粉紅，再變成黃色。

撞到好痛！

好多喔！

這是什麼蟲啊？
怎麼這麼多？

完蛋了，我有
密集恐懼症……

什麼，才醒來
又倒了？

這些蝗蟲不行這樣
橫衝直撞，看我啟
動大聲公功能……

真奇怪，之前沙漠裡的蝗蟲是咖啡色，怎麼變成黃色呢？

管他的，肚子餓扁了，等那個綠色的老頭死掉，還不如先吃點蝗蟲。

說的也是，等等我。

等等，那個不能吃！

群聚型的蝗蟲有毒！牠們的黃色是警戒色！

沙漠蝗蟲大變身

　　沙漠飛蝗是一種安靜、溫和又無害的昆蟲；但同時也是瘋狂、人見人怕、會造成嚴重災害的大害蟲。這究竟是怎麼一回事呢？原來，沙漠飛蝗是一種能「變身」的昆蟲。牠們平常是安靜溫和的「散居型」（或稱為「獨居型」），卻可以在幾個小時內，變成人見人怕的「群聚型」。

　　「散居型」的沙漠飛蝗平常喜歡分散開來，各自安靜啃食綠色植物。牠們小時候（若蟲時期）是綠色的，長大後變成咖啡色的成蟲。

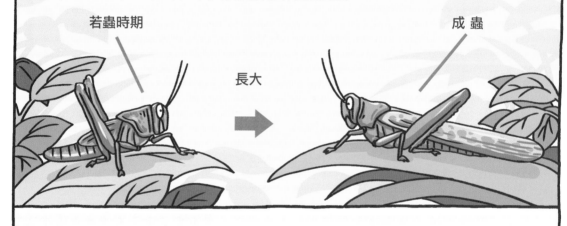

若蟲時期　　　　長大　　　　成蟲

　　但是一旦乾旱來臨，牠們的食物變少，生活空間也越來越狹窄。這種擁擠的狀況會刺激牠們的一種基因發生作用，讓牠們的身體變黃，並且產生化學毒素，成為「群聚型」的蝗蟲。

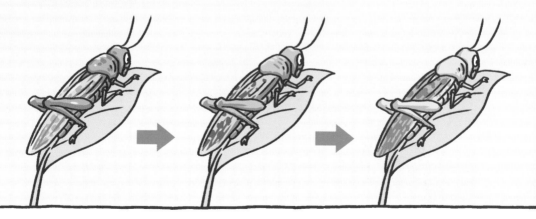

群聚型的蝗蟲會整群飛出去，吃光所到之處的
綠色植物。雖然牠們的壽命只有 3 ～ 5 個月，
但是牠們可以在群飛的過程中繁殖下一代，讓
蝗蟲群的數量越變越多，造成更大的災害。

三週後長大為成蟲，
變為黃色，加入飛行。

群聚型的幼蟲可以跳但不
能飛，會群聚在一起爬行，
啃咬地面的植物。

母蝗蟲在鬆軟的
土中產卵。

卵孵化成若蟲。
群聚型的若蟲是黑色的。

沙漠飛蝗造成「蝗災」

　　群聚型的蝗蟲一天可以飛行130公里。牠們甚至可以跨海飛行，影響幾十個國家。牠們飛到哪裡，就吃到哪裡；所到之處，幾乎掃光所有綠色植物，造成人類農作物的巨大損失，甚至在某些國家引起饑荒。因為一隻成蟲一天能吃掉跟自己體重相當的新鮮植物，換算起來，一群4千萬隻蝗蟲的蝗群，一天就可以吃掉3.5萬人的糧食。

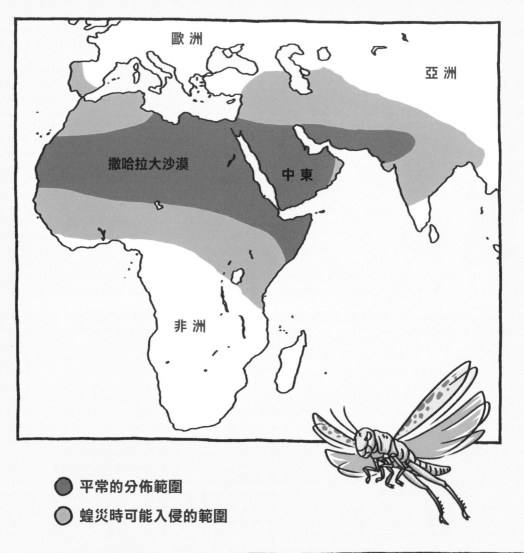

歐洲

亞洲

撒哈拉大沙漠

中東

非洲

● 平常的分佈範圍

● 蝗災時可能入侵的範圍

:看來，這個地方的植物很快就要被吃光了。

:我剛才簡單的掃瞄一遍，計算出這群蝗蟲共有 6500 萬隻，所以他們能快速的吃掉這裡的綠色植物。其他想來這邊覓食的沙漠動物，恐怕都找不到東西可吃了。

:團長，我在書上看過，蝗蟲遇到下雨，翅膀就會被水黏住飛不動。你的飛碟能灑水，要不要製造一場大雨讓這群瘋狂的蝗蟲停止下來⋯⋯

:不，我並不想要這麼做！

沙漠蝗蟲集體飛行的現象，其實也是為了求生～

牠們只不過是利用群體的力量，為自己尋找食物充足的地方。

雖然對其他生物來說，會造成饑荒或災害，但是牠們也是天氣乾旱的受害者，我不想再度傷害他們。

吃光了！

哪裡還有綠色的東西？

我的肚子還好餓……

啊哈！

綠色的～

這裡有，快告訴大家！

沙

沙

咻

誰讓蝗蟲停下來？

　　人類會用汽車、飛機噴灑殺蟲劑，或利用蝗蟲的自然天敵來消除蝗災。但是在大自然的野外，蝗蟲大軍怎樣才會停下來呢？主要還是跟天氣與食物有關。比方說，蝗蟲害怕大雨，如果雨水太多，蝗蟲沾溼的翅膀無法飛行，當地的食物又已經不夠時，有些蝗蟲就會慢慢餓死，等到蝗蟲的密度不再擁擠，經過一個或幾個世代之後，群聚型的蝗蟲就可能變回散居型的蝗蟲，令人頭痛的蝗災也會平息下來。

噴灑殺蟲劑

我的辦案心得筆記

報案人：外星團長

報案原因：因為皮膚和植物一樣是綠色，受到蝗蟲攻擊。

調查結果：

1. 沙漠飛蝗「散居型」的時候是咖啡色的，變成「群聚型」時，會先轉成粉紅色再變成黃色。

2. 黃色是沙漠飛蝗的「警戒色」。因為體內會產生毒素，變成黃色就是警告牠們的天敵：「我有毒，不要吃我。」

3. 通常乾旱來臨、食物變少時，沙漠飛蝗就容易變成「群聚型」，引發橫跨好幾個國家的「蝗災」。

4. 達克比成功救了阿美和團長，趴哥宣布達克比通過沙漠生態系的考驗。

心得：

沙漠飛蝗起，
人類災難來。
饑荒人人餓，
哭聲處處聞。

下集預告

達克比追的是誰？發生了什麼離奇的事呢？　　　　　　**請看下集分解**

拿出達克比辦案的精神，

1 沙漠的地面有夠熱！很多小動物都有自己躲避炎熱的妙招。下列哪些是牠們的避熱招數？請選出正確答案。

答：＿＿＿＿＿＿＿＿＿＿＿＿＿＿＿＿＿

❶ 沙蝰蛇會「沉」入沙子裡，好讓自己不會直接在太陽底下曝晒。

❷ 黃金鼴的眼睛被長毛遮住，為的是可以抵擋熱氣，讓眼睛涼爽。

❸ 跳囊鼠會挖洞，並且白天時會躲在裡面。

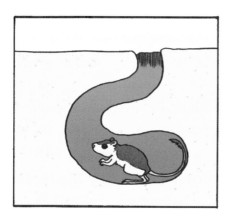

❹ 有些沙漠裡的蛇或蜥蜴能進行「沙泳」，等到清晨或傍晚比較涼時，才跑出地面活動。

2 右邊是各種動植物，左邊是牠們適應沙漠環境的特殊構造或行爲。
請連上正確的對應。

葉子退化成細刺，可以
防止水分流失。

把水分儲存在膀胱和皮
膚裡，然後就鑽到地底
下休眠。

駝峰內儲存脂肪，可以
分解成養分、能量和水。

3 當乾旱來臨，沙漠蝗蟲會因爲食物變少、生活空間狹窄而「變身」成群
聚型。下列有關於牠們的敘述，何者有誤？

答：＿＿＿＿＿＿＿＿＿＿＿＿＿＿＿＿＿＿＿＿＿＿

1 曾引發橫跨好幾個國家的「蝗災」，
並且可長達數個月。

2 群聚型的幼蟲已經可以飛，所以會
跟著成蟲到處吃光綠色植物。

3 牠們在群飛的過程中可以繁殖下一
代，所以也就會造成更大的災害。

4 體內會產生毒素，變成黃色就是警
告天敵：「我有毒！」

1

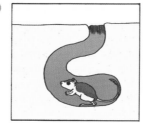

2

葉子退化成細刺,可以防止水分流失。

把水分儲存在膀胱和皮膚裡,然後就鑽到地底下休眠。

峰內儲存脂肪,可以分解成養分、能量和水。

3

好厲害的適應能力!

● **你答對幾題呢?來看看你的偵探功力等級**

答對一題　☺ 你沒讀熟,回去多讀幾遍啦!

答對二題　☺ 加油,你可以表現得更好。

答對三題　☺ 太棒了,你可以跟達克比一起去辦案囉!

達克比辦案⓫

荒漠 沙漠生態系與
救命蛙 動物的適應

作者	胡妙芬
繪者	柯智元
達克比形象原創	彭永成
責任編輯	張玉蓉
美術設計	蕭雅慧
行銷企劃	劉盈萱

天下雜誌群創辦人	殷允芃
董事長兼執行長	何琦瑜
媒體暨產品事業群	
總經理	游玉雪
副總經理	林彥傑
總編輯	林欣靜
行銷總監	林育菁
主編	楊琇珊
版權主任	何晨瑋、黃微真

出版者	親子天下股份有限公司
地址	臺北市 104 建國北路一段 96 號 4 樓
電話	(02) 2509-2800
傳真	(02) 2509-2462
網址	www.parenting.com.tw
讀者服務專線	(02) 2662-0332 週一～週五：09:00~17:30
讀者服務傳真	(02) 2662-6048
客服信箱	parenting@cw.com.tw

法律顧問	台英國際商務法律事務所・羅明通律師
製版印刷	中原造像股份有限公司
總經銷	大和圖書有限公司　　電話：(02) 8990-2588
出版日期	2022 年 4 月第一版第一次印行
	2024 年 8 月第一版第十一次印行
定價	340 元
書號	BKKKC199P
ISBN	978-626-305-197-3（平裝）

訂購服務 ──────

親子天下 Shopping｜shopping.parenting.com.tw
海外・大量訂購｜parenting@cw.com.tw
書香花園｜臺北市建國北路二段 6 巷 11 號　電話：(02) 2506-1635
劃撥帳號｜50331356 親子天下股份有限公司

國家圖書館出版品預行編目資料

達克比辦案 11, 荒漠救命蛙：沙漠生態系與動
物的適應 / 胡妙芬文; 柯智元圖. --
第一版 . -- 臺北市: 親子天下, 2022.04
136 面; 17×23 公分
ISBN 978-626-305-197-3（平裝）

1.CST: 生命科學　2.CST: 漫畫
360　　　　　　　　　　　　111002850

立即購買 >